U0243521

工作组鸣谢

绘　图

李明志　张皖康　杜虹媛　李　慧　董　薇
李　琳　王永杰

资料组

吴　琼　邓娇娇　刘怡君　王明瑞　李欣昭

图书在版编目（CIP）数据

失落的痕迹：动物环保手札 / 赵元征主编. —北京：化学工业出版社，2019. 10
ISBN 978-7-122-35411-2

Ⅰ. ①失…　Ⅱ. ①赵…　Ⅲ. ①环境保护②濒危动物-动物保护　Ⅳ. ①X②Q958. 1

中国版本图书馆CIP数据核字（2019）第225553号

责任编辑：姚　烨
装帧设计：尹琳琳
责任校对：宋　玮

出版发行：化学工业出版社
（北京市东城区青年湖南街 13 号　邮政编码 100011）
印　　装：北京博艺印刷包装有限公司
889mm×1194mm　1/32　印张$7^1/_4$　字数342千字
2020年1月北京第1版第1次印刷

购书咨询：010-64518888
售后服务：010-64518899
网　　址：http://www.cip.com.cn
凡购买本书，如有缺损质量问题，本社销售中心负责调换。

定　　价：88. 00 元

海洋动物

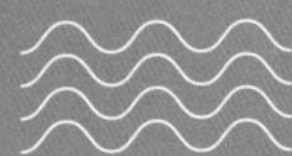

灰色的岩岸游泳者

灰鲸

极危（CR）

灰鲸又被称为“灰色的岩岸游泳者”，它身体后部被岩石擦伤以及被藤壶等寄生动物附着后留下的凹凸不平的赖状皮肤，在涌动的蔚蓝色海水中看来就像是背负着天上陨落的星辰。它们主要以浮游性小甲壳类、鲱鱼的卵以及其他群游鱼类为食。但是由于人类的过度捕捞、工业发展污染海洋环境、全球气候变暖等原因，这些背负“星辰”的精灵们的身影，正在逐渐远离我们的世界。

海洋动物

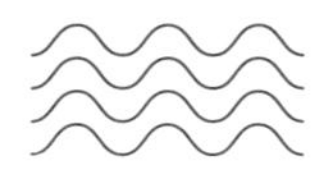

绘 / 李明志

当您离开海滩时，请带走您的垃圾，并且帮助收走他人遗留的废弃物，干净的海洋环境需要你我共同行动。

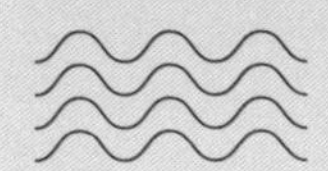

水中除草机

海牛

濒危（EN）

说来你可能不信，海牛这种方头短颈的“小可爱”竟然和“长腿欧巴”——大象有亲缘关系。但是它们不像大象一样喜欢四处溜达，海牛喜欢生活于大西洋温暖水域，通常在浅海及河口，仅少数种类栖息在河流中，每天就泡在温暖的海水中啃海草。海牛是海洋中的草食哺乳动物，每天能吃相当于体重5%～10%的水草，因此有“水中除草机”的美誉。如果这些吃海草狂魔从这个世界上消失了，那热带和亚热带的某些海域将会水草泛滥成灾，歌谣里唱的金滩碧海便会成为人类童年的遗梦。

海洋绿藻是人类过度排放含氮和磷污染物而造成海水富营养化的结果，请尽量少用含磷的洗涤用品，减少对海洋的污染。

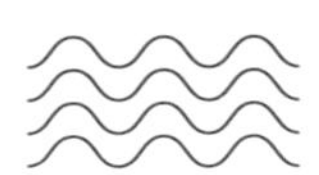

海洋中的活化石

鹦鹉螺

国家一级重点野生保护动物

鹦鹉螺是分布于热带印度洋、西太平洋珊瑚礁水域的海洋软体动物。在地球上经历了数亿年的演变，外形、习性变化很小，因此被称为“海洋中的活化石”。其美丽的外壳构造颇具特色，现存最大的贝壳长为26.8厘米，成年鹦鹉螺贝壳一般不超过20厘米，壳薄而轻，成螺旋形盘卷。鹦鹉螺不仅具有观赏价值、文化价值、仿生价值，还有揭示大自然演变规律的价值等，为我们研究动物演化、能源矿产、环境变化提供了有利的科学证据。

不购买海洋生物标本和工艺品。

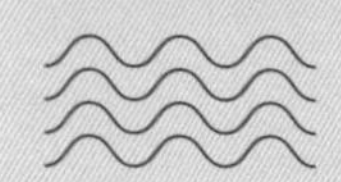

世界上第二大鱼类

姥鲨

易危（VU）

姥鲨生活于温带近大陆棚海域，是继鲸鲨之后的世界第二大鱼类，属于卵胎生鱼类，寿命达50岁左右，一般长度为6.7~8.8米。姥鲨有一个像巨穴般的颚，较长及明显的鳃裂，它的背和胸鳍很大，可以达到2米。别看姥鲨体型很大，性格却非常温和。由于它的全身是宝，世界各地对鱼翅、鱼肉及其器官的需求使它遭受过度捕捞而面临灭绝。

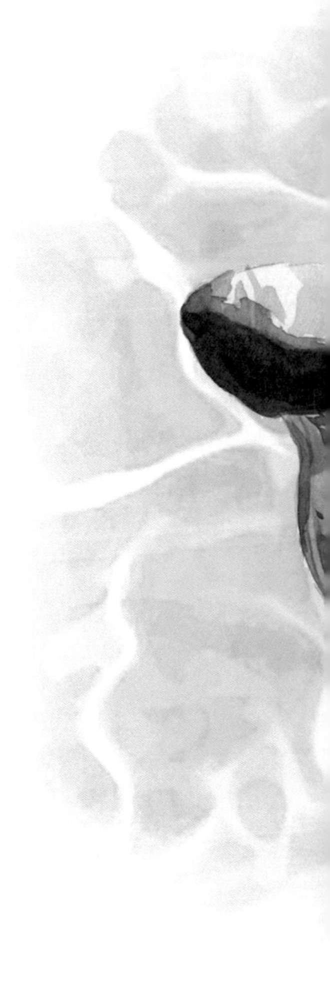

惜食海鲜，拒食鱼翅，对食物链顶层的鲨鱼、鲸鱼说NO。

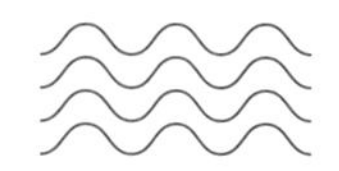

唯一一生生活在热带海域的海豹

僧海豹

国家二级保护水生野生动物

僧海豹主要生活在南半球水温较高的海洋中，北半球南部也能偶尔见到。它的体型比普通海豹略大，虽然没有外耳，但其听力很好，脸上长着又黑又密的刚须，两只黑眼睛又大又亮，头部很圆，密被短毛，状如僧头，因此得名。生活中它们喜欢结伴在僻静的岛屿上晒太阳。由于僧海豹的皮、脂肪、肉有极高的经济价值，它们成为被大肆猎杀的对象，这是导致其在部分海域灭绝的重要原因。

进入海洋的塑料垃圾难以分解，还容易被海洋动物当做食物吃掉，使它们因消化不良而亡。请少用塑料制品。

绘 / 杜虹媛

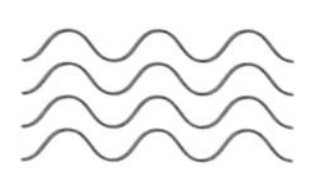

海底森林的保护者

海獭

枯竭种

海獭分布于北太平洋寒冷海域。虽然外表“萌萌的”，但攻击性很强。之所以被科学家称为“海底森林的保护者”，是因为它具有维持生态平衡的作用：海草为海洋生物提供了充足的活动空间和食物，海胆以海草为食，而海獭以海胆为食。如果海獭濒临灭绝，那么海胆便将泛滥，海底失去海草遮蔽，整个海洋生态系统将会受到重创。因此，海獭被称作“海底森林的保护者”当之无愧。

保护海洋动物不受伤害，从不购买动物皮毛制品做起。

海洋动物

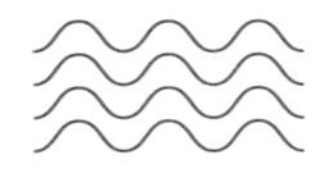

最大的动物

蓝鲸

濒危（EN）

在深蓝的海底，有一海洋哺乳动物像极了庄子所说的“鲲”。蓝鲸栖息于温暖海水与冰冷海水的交汇处，它们身躯庞大却似散仙一样在海中悠游，只食一些小型甲壳动物。成年蓝鲸能长到非洲象体重的30倍左右，被认为是已知的地球上体积最大的动物。在过去的半个多世纪中，捕鲸者疯狂的猎杀使它们几乎灭绝。

绘 / 杜虹媛

全球气候变暖，影响蓝鲸的迁徙和捕食。减少温室气体排放为上策。

世界上最大的鱼类

鲸鲨

濒危（EN）

鲸鲨生活于温暖性大洋区的中上层，主要分布在热带和温带海区。这个身穿“炫酷波点洋装”的鲸鲨是世界上最大的鱼类，通常体长9～12米，为鱼类之最。但鲸鲨不是鲸，而是鱼，用鳃呼吸，体内骨骼为软骨，卵胎生。它们体型巨大，生长速度缓慢，发育期漫长。鲸鲨几乎没有天敌，人类捕捞是其数量减少的一个重要原因。

海洋动物

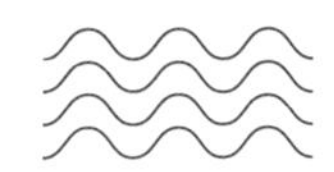

绘 / 杜虹媛

保护鲸鲨从小事做起，拒绝消费鱼翅和鲨鱼制品。

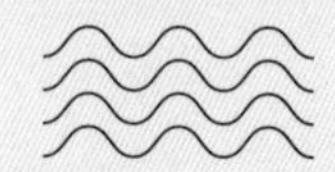

现存最古老的爬行动物

蠵龟

濒危（EN）

蠵龟主要栖息于温水海域，特别是大陆架一带，也进入海湾、河口、咸水湖等地。它体型较大，体长100～200厘米，体重约100千克。生活中以鱼、虾、蟹、软体动物及藻类为食。蠵龟的环境适应能力极强，且具有其他海洋生物远不能及的抗毒能力，所以蠵龟在世界上的分布范围极广。掠夺性的乱捕滥杀，滥挖龟卵，是蠵龟急剧减少的重要原因。

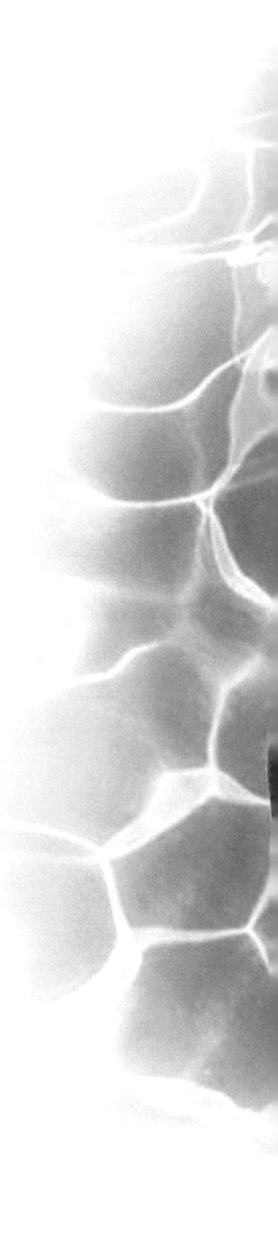

绘 / 杜虹嫒

减少一次性塑料产品的使用，杜绝白色垃圾。

海洋动物

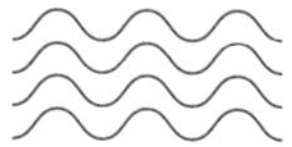

小头鼠海豚

加湾鼠海豚

极危（CR）

有着“性感烟熏妆”和“邪魅大黑唇”的加湾鼠海豚是世界上最小的海豚。别看它长相“妖娆”，其实它们不像其他海豚那样喜欢越出水面。它们会悄悄地浮升水面呼吸，然后很快消失在海面上。这么小巧玲珑、美得无声无息的加湾鼠海豚却是海洋哺乳动物中最濒危的物种。据统计：在2012年时发现加湾鼠海豚200只，2014年只剩下不到100只，2015年只观察到60只，而2018年仅剩下30只，以这样的速度下去，到了2022年它们可能会全部消失。我们该如何留住你美丽的倩影？

支持时尚品牌的环保行为，例如用海洋回收塑料品制成商品。

湖河动物

绘 / 李明志

湖河动物

微笑天使

江豚

极危（CR）

江豚，这种呆头呆脑、圆圆的前额凸出的小动物，不管从哪个角度看上去都像是在冲你微笑的小天使，因此有“微笑天使”的美誉。每当江中有大船驶过，江豚都喜欢紧跟其后顶浪或者乘浪起伏。小天使们喜欢出没于靠近海岸线的浅水区，主要以鱼类为食。但由于航运、船舶等因素直接或间接地挤占了其栖息空间，在浅海区域已经很难见到面带微笑的它们了。据统计，截止到目前江豚的现存数量为1012头，比大熊猫还要稀有。

适当减少水利工程、挖沙、高密度航运等人类活动，还江豚一个安静的家，让这抹微笑永存。

湖河动物

长江女神

白鳍豚

野外灭绝（EW）

诗曰“所谓伊人，在水一方”。生活在我国长江下游的淡水鲸类白鳍豚，就拥有这诗中的美丽倩影，因此被人们亲切地称为“长江女神”。但是“女神”的踪影如今已缥缈难寻。身长近3米，体重达250千克的白鳍豚用肺呼吸，体内受精，胎生哺乳，是研究鲸类进化的珍贵“活化石”。此外，它在水中有发达的回声定位能力，能利用声呐信号来寻找食物或识别目标，因此获得了“活雷达”的雅号。同时，它对仿生学、生理学、动物学和军事科学等都有重要的科学研究价值。

绘 / 张皖康

海洋环境污染的80%污染物来自陆地，减少污水排放，支持垃圾分类。

长江鱼王

中华鲟

极危（CR）

中华鲟，又称“鳇鱼”，生活于大江和近海中，是底层鱼类，现在主要分布于我国长江干流金沙江以下至入海河口。它的平均体长约40厘米，最长达130厘米，体重最高达600千克，寿命也很长，可以活到40龄。因此，是淡水鱼类中个体最大、寿命最长的鱼，还有“长江鱼王”的美誉。中华鲟之所以“弥足珍贵”，是因为它是地球上最古老的脊椎动物——古棘鱼的后裔，和恐龙是一个时期的，距今有一亿四千万年的历史，真可谓“活化石”。

湖河动物

绘 / 李慧

含磷洗衣粉进入水源后会使水藻疯长，导致水中含氧量降低，使我们的海洋宝贝们因缺氧而死亡。

美人鱼

中华白海豚

濒危（EN）

中华白海豚是国家一级保护动物，属于鲸类海豚科的哺乳动物，主要分布在中国的东南沿海。在刚出生的时候，中华白海豚豚体呈深灰色，年轻时呈灰色，成年时则呈粉红色，因此有“美人鱼”的美誉。它们主要以河口的咸淡水鱼类为食，不经咀嚼快速吞食。白海豚繁殖率、生存率都比较低，人类过度的捕捞活动、工程施工、船舶航运等因素对白海豚的食物链和生存环境造成较大威胁。每年的4月27日是中华白海豚保护宣传日，让我们一起行动起来吧。

绘 / 李明志

排放过多二氧化碳会使海洋酸性不断提高。保护海洋环境，从乘坐公交、地铁、自行车等低碳生活做起。

长嘴肉食爬行动物

菲律宾鳄

极危（CR）

鳄鱼，作为一种两栖类冷血暴力动物，一直以来为大家所忌惮。菲律宾鳄体长2.4～2.7米，体重15～36公斤，是分布在菲律宾各岛屿的淡水鳄鱼品种，它们的攻击性不算太强，但如果受到骚扰便会咬人。主要的食物是鱼、乌龟、鸟类和哺乳动物等，是肉食爬行动物，此外大型的鳄还会攻击家畜和人类。但在人类的枪杆子面前，鳄鱼再厚的“铠甲”也无济于事，现在的鳄鱼成为了人类的盘中餐。因此菲律宾鳄的种群面临大量衰退的危机。

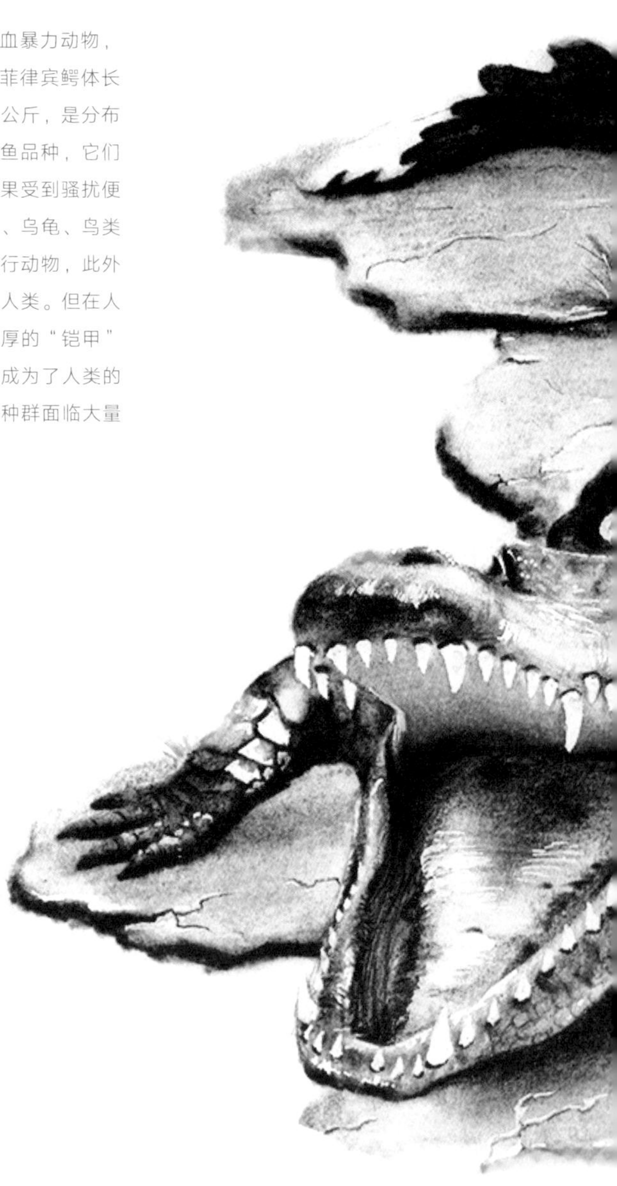

湖河动物

绘 / 李明志

请您放下手中的鳄鱼皮包，对生命多一些尊重。

湖河动物

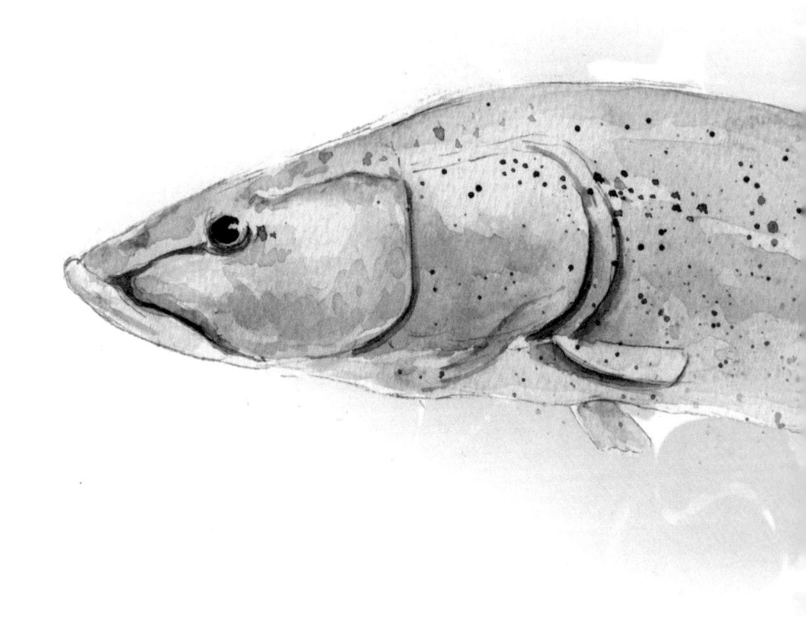

绘 / 李明志

世界裂腹鱼中的珍贵物种

扁吻鱼

濒危（EN）

“新疆大头鱼”其实有个很正儿八经的名字叫作“扁吻鱼”。你不要看人家头大，嘴型又是个“地包天”，就以为它很卑微，其时它来头可大着呢！新疆大头鱼起源于3亿年前，有着古鱼类活化石之称，不是随便的凡鱼可比的。“大头哥”是经济鱼种，能消灭其他经济鱼类病弱个体，压制它们的繁殖过剩现象，更在水域的生态系统中起着关键的调节作用。但由于人类活动造成水质变差，加之对该品种的人为保护力度不够，“大头哥”可能要从塔里木河流域换到“冥河”里去畅游了。

水是我们的生命之源，永远不要向大海或者河流中投掷垃圾。

湖河动物

绘 / 李琳

活化石

扬子鳄

濒危（EN）

有谁能想到现在住在长江里的“捕鱼高手”扬子鳄，在古老的中生代曾和恐龙一样称霸地球。它的祖先曾是陆生动物，后来随着生存环境的变化，扬子鳄被迫学会了在水中生活的本领，所以，它具有水陆两栖动物的特点。虽然世界上体型最“迷你”的鳄鱼之一，但扬子鳄在长江里可一点儿都不“迷你”。在长江生活了约1.5亿年，“江霸”这个头衔还是要有的，处于长江食物链顶端的扬子鳄，对于维持食物链平衡起到了重要的作用。但因为“江霸”这个活化石具有丰厚的经济价值、药用价值，常常遭到人类的捕杀。

拒绝购买鳄鱼皮制品，没有买卖，没有杀害。

原野动物

另一种大熊猫

黑足雪貂

濒危（EN）

黑足雪貂是唯一原产于北美的雪貂，是穴居的夜行性动物，因此“夜行侠”的称呼恰如其分。同时因为其在野外的数量极其稀少，又被称为“另一种大熊猫”。虽然很金贵，但它们却是一群兢兢业业的捕鼠专家，其中草原犬鼠是它们的最爱。白天窝在家里睡大觉，晚上出门溜达的黑足雪貂是个十足的“肥宅”，但它们具有强烈的领土意识，同性之间常常为了领土而发生争斗。这些“小肥宅”对于传播病毒性疾病的研究有着重要的贡献，并已应用于病毒学、生殖生理、药理学等研究。

原野动物

绘 / 张皖康

使用绿色家具，用料倾向纯自然。

绘 / 张皖康

北美犬科动物

红狼

极危（CR）

世界上最惨的不是你是一个“单身狗”，而是你不仅是一个“单身狗”，还要忍受人家的卿卿我我，甚至还要顺便帮人家看孩子。分布于美国东南部的红狼就是这么一种“极惨”的社会性的动物。每个红狼群落都有固定领土，领土范围由气味标记。一个群落之内只有一对繁殖的红狼。其他群落成员帮助首领共同抚养小狼。由于数目稀少，红狼常因找不到同类繁殖而与北美大草原的灰狼交配，致使纯种红狼的数量下降。这简直是最令人“心碎”的濒危动物了。

较稀有的动物不要养，以免加速它们的绝种。

大型羚羊类动物

阿拉伯长角羚

濒危（EN）

只看阿拉伯长角羚的脸，估计会误认为这是一只长了角的“奶牛”。它们不像奶牛那么温顺，却视觉敏锐，警惕性强。当它们受伤或无退路时，会把头低下，尖角朝前，进行自卫还击，是很危险的对手。它们栖息于干燥的平原和沙漠地区，也居住在岩石山边及丛林带。食物以青草为主，并吃一些其他的沙漠植物。它们极耐渴，在缺水时可长时间不饮水，身体所需水分大部分是从食物中获取。人类的野蛮捕杀以及栖息地被破坏，是其濒危的重要原因。

绘 / 张皖康

一粒纽扣电池可使600吨水无法饮用，相当于一人一生的饮水量。保护环境请尽量选用蓄电池、充电电池。

斑纹食蚁兽

袋食蚁兽

濒危（EN）

对于蚂蚁来说，袋食蚁兽简直就是噩梦一般的存在，它们不仅视力发达，同时能依靠敏锐的嗅觉来寻找白蚁。袋食蚁兽主要分布于澳大利亚西南部，居住在地面，同时能上树。身体上有宽的带纹，四肢和爪极有力，某些形态和习性与食蚁兽相似。袋食蚁兽是目前现存的为数不多的有袋动物之一，它们深受栖息地破坏之苦。受到生存空间变少，食物来源变少等影响，且由于人类不恰当地引进物种，导致它们的天敌增多，这些“白蚁冤家”已经变成濒危动物。

绘 / 张皖康

一吨废纸 = 800千克再生纸 = 17棵大树，尽量使用再生纸。

貘类中最大的一种动物

马来貘

濒危（EN）

马来貘又名“亚洲貘”或“印度貘”，分布于亚洲的马来半岛、印度尼西亚的苏门答腊、泰国南部和缅甸南部的丹那沙林等地。它是喜水的动物，常常待在水中或泥中。同时它的胆子很小，一有风吹草动，便从水中逃跑，或藏在水中，只露出鼻子呼吸。生活中它的视觉不好，以听觉嗅觉为主。主要以嗅觉觅食，以多汁植物的嫩枝、树叶、野果，特别是水生植物为主要食物。人类的伐木及开发热带雨林林地作为农工用地等行为，致使马来貘栖地被破坏，无法生存。

绘 / 张皖康

商品的过度包装，既加重了消费者的经济负担，又增加了垃圾量，污染了环境。保护环境，从拒绝过度包装开始。

绘 / 杜虹媛

耐渴、耐高温的动物

弯角剑羚

野外绝灭（EW）

栖息在沙漠中的弯角羚羊有个很神奇的地方，它们一生几乎都不喝水，它们通过白天储存、晚上散发体热；浓缩尿液避免水分丧失；夜间进食草本植物，摄取食物中的水分；深呼吸制造代谢水等方式，巧妙地适应了炎热又缺水的半沙漠环境。由于气候变化，弯角剑羚数量锐减，加之人类的捕杀，这种神奇的动物已经在野外灭绝。

拒绝购买野生动物制品，如象牙、虎骨等。

铠甲护身的动物

白腹长尾穿山甲

极危（CR）

白腹长尾穿山甲最重要的特点就是“尾长”，其尾巴的总长度占了身体的三分之二，体表虽然长着“铠甲”，但一旦遇见对其有食欲的人类，它们的生命便遇到威胁，因此，白腹长尾穿山甲正面临“被吃绝”的危险。除了是“野味”外，还有一个使其濒临灭绝的主要原因是穿山甲的鳞片可以作为中药成分，有活血散结、消痈溃坚等作用，这样的经济作用使其难逃厄运。

绘 / 杜虹媛

不得以保护濒危野生动物之名捕捉它，建立健全野生动物保护法，还野生动物一份安宁。

绘 / 杜虹媛

长着象鼻子的羊

高鼻羚羊

极危（CR）

世界上有“长着象鼻子”的羊吗？答案是有的，它就是高鼻羚羊。它不是《山海经》中的异兽，而是生活在中亚草原广阔土地上的一种羚羊。它的鼻部特别隆大而膨起，向下弯，鼻孔长在最尖端，看起来像是迷你版的象鼻。它们长这种鼻子是为了适应高原寒冷的环境，“大鼻子”可使吸入的空气增湿增温，在一定程度上抵御干燥和严寒。它的皮毛也会因季节的变化而变化，夏天呈棕黄或棕红色，而到了冬季则会变成很浅的灰棕色。可见高鼻羚羊适应环境的能力非常强。

餐具如果油腻过多，可以先用餐巾纸擦拭干净，洗起来既节水，又能节省洗涤剂。

温柔的巨人

北部白犀牛

野外绝灭（EW）

犀牛又被称为“荒野武士”。在世界现存的五个犀牛种群中，白犀牛的体型最为健硕。但它的性格温和、攻击性差，因此有“温柔的巨人”的美誉。白犀牛是唯一食草的犀牛物种，几乎全部以短草为食。不幸的是2018年3月19日，世界上最后一头雄性北方白犀牛“苏丹”在肯尼亚去世，终年45岁。现仅剩2头雌性北方白犀牛，濒临灭绝，令人痛惜。

原野动物

绘 / 董薇

从小培养孩子爱护环境的自觉性，树立垃圾分类的意识，准备不同的垃圾袋，分类收集废纸、包装盒、塑料、厨余垃圾等。

警觉、敏感的动物

桑岛麂羚

极危（CR）

用“短小精悍”这四个字来形容分布于坦桑尼亚和肯尼亚的麂羚再合适不过。它们体态较小，只有雄性头上有短角，脚上有四趾，但侧趾比鹿类更加退化，适于奔跑。白天寻找叶、种子、嫩芽和果实为食，比较活跃。雌性的桑岛麂羚全年都可受孕繁殖，每胎生下一仔。为了更好地保护幼仔，在刚出生的几个星期内，雌性桑岛麂羚会小心翼翼地将其藏到隐秘的植被中，因此，它是一种非常警觉、敏感的动物。

绘 / 李慧

不恫吓，不投喂，不追逐野生动物，“爱我就别理我”。

绘 / 李慧

天山的精灵

伊犁鼠兔

濒危（EN）

伊犁鼠兔的名字里面有“鼠”和“兔”，但是它其实是货真价实的“兔子”。生活在天山山脉的高寒山区，是中国新疆特有的一个物种。作为高海拔动物，伊犁鼠兔主要栖息在海拔2850～4100米的天山裸岩地区。它是体型娇小的山地哺乳动物，其毛色较鲜艳，额头和颈侧有3块棕色斑点，额顶是明显的锈棕色斑，颈背有一块浅色斑。鼠兔高高竖起的耳朵，圆圆的眼睛，用现在审美来形容就是“萌萌哒”。鼠兔是草食性动物，多以金莲花、虎耳草、雪莲等高山植物为食。

每年的7月24日为“拯救伊犁鼠兔日”。让我们行动起来吧！

不猎捕和饲养野生动物，保护生物的多样性。

绘 / 杜虹媛

四不像

麋鹿

野外绝灭（EW）

麋鹿之所以被称为“四不像”，是因为它身体的四个部位分别像四种不同的动物：脸像马儿、角像梅花鹿、蹄像牛、尾像驴。野生的麋鹿虽然灭绝了，但是通过人工放养，已在中国重新建立了麋鹿的自然种群。麋鹿濒危的原因除了滥捕滥杀等人类活动的外因外，其自身也有低繁殖率的内因：在麋鹿的王国里，有着严格的等级秩序，在其发情期里，只有鹿王才拥有唯一的交配权，因此，绝大多数雄鹿极有可能一生都无法留下一儿半女。

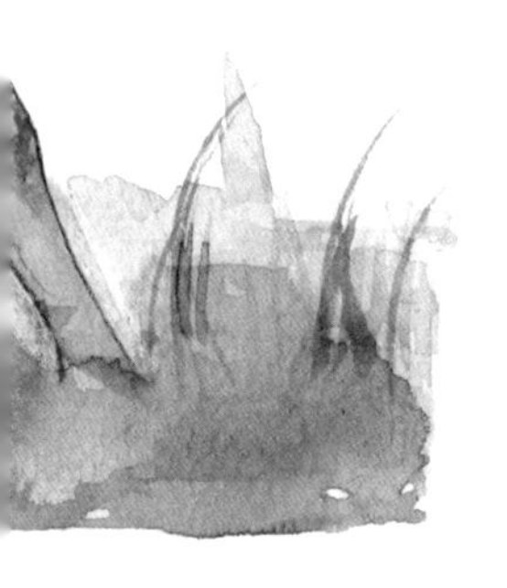

荧光灯仅需普通白炽灯40%的能源就可以达到相同的亮度，可大量减少能源消耗，降低二氧化碳排放量。

可可西里的骄傲

藏羚羊

近危（NT）

在高原，一看到雄性藏羚羊那对直插天际的角，人们都会感受到生命的可爱。它们主要分布于中国以羌塘为中心的青藏高原地区，少量见于印度拉达克地区。藏羚羊通体的被毛丰厚细密，呈淡黄褐色，略染一些粉红色，腹部、四肢内侧为白色，雄兽的面部和四肢的前缘为黑色或黑褐色。雌兽没有角，雄兽有角，角形特殊。它们早晨和黄昏出来活动，到溪边觅食杂草等。这些被称作“可可西里的骄傲”的藏羚羊，差点因为那些黑心的偷猎者而变成一部“比悲伤更悲伤的故事”。

绘 / 张皖康

商店购物自带购物袋，尽量少使用一次性便捷物。

雪山之王

雪豹

极危（CR）

“山大王”的落幕之雪豹。雪豹凭借雪白、漂亮的外形以及矫健的身姿，曾荣获“雪山之王”的称号。但堂堂一介“山大王”，却因岩羊、北山羊、盘羊等野生食物不断减少，被逼得东躲西藏，吃不饱的时候还要去干点偷鸡摸狗的事情，雪豹简直太难了！尼泊尔的牧民用雪豹的骨头到西藏交换家羊，在这样经济利益的驱使下，雪豹厄运难逃。尽管有些高原雪豹被动物园收养而得以存活，但因无法适应其生存环境而死亡的雪豹亦不在少数，令人惋惜。

原野动物

绘 / 董薇

不滥捕杀野生动物，保护林业资源，让林木成为野生动物的“安全港湾”。

世界上最大的陆地食肉动物

北极熊

易危（VU）

北极熊作为世界级“宠儿”已经为大家所熟知了。它白白胖胖的身影总是出现在各种动物保护的标志中。作为世界上最大的陆地食肉动物，北极熊除了主要的捕食对象海豹外，也捕捉海象、海鸟、鱼类及小型哺乳动物。北极熊有一个重要的特点是一夫多妻制，常常因为争夺配偶而相互斗殴。这些年海洋污染以及全球气候变暖，致使北极冰川融化，北极熊，尤其是幼仔失去了赖以生存的环境。更令人心痛的是有摄影爱好者竟然拍到北极熊吃北极熊的场景，会不会下一个被吃的对象是我们人类自己呢？

绘 / 张晓康

北极熊的生存危机来自于全球气候变暖，我们能做的是尽量避免电器属于待机状态，这样可以节省40%的电量消耗。

天空动物

绘 / 李明志

清道夫秃鹰

埃及秃鹫

濒危（EN）

飞越千年的法老之鸡——埃及兀鹫，黄脸白羽，品相高贵。它们常在开阔而较裸露的山地和平原上空翱翔，窥视动物尸体，主要以大型动物的尸体为食。偶尔也沿山地低空飞行，主动攻击中小型兽类、两栖类、爬行类和鸟类，有时也袭击家畜。有研究显示埃及秃鹫吃哺乳动物的粪便以帮助它们摄取类胡萝卜素，故其面部皮肤呈鲜黄及橙色。黄色的深浅表明其身体免疫力素质的强弱，强壮的体魄可以帮助它们建立统治地位。所以它脸黄不是因为它“菜”，而是因为它健康有活力。

降低蔬菜、水果等农作物的农药使用量，以减少农业污染。

忠贞爱情的守护者

食猴鹰

极危（CR）

文学家元好问一句：“问世间情为何物，直教人生死相许”，道出了大雁对于爱情的忠贞。而分布于菲律宾热带雨林密林深处的食猴鹰亦是如此。据动物学家观察，食鹰猴一生只认一个伴侣，任何变化都无法阻挡它对爱情的忠贞，因此被誉为“忠贞爱情的守护者”。它们体态强健，具有短而侧扁的巨大钩嘴，脸部黑色，上半身羽色为深褐色，下半身为浅黄或与白色相间，是菲律宾的国鸟，被人们称赞为“最高贵的飞翔者”，有“鹰中之虎”的美誉。

绘 / 杜虹媛

不鼓励采集、购买、制作动物标本，莫以科学名义伤害它们。

绘 / 李明志

百慕大海燕

百慕大圆尾鹱

濒危（EN）

敢与波涛争雄的百慕大海燕，却差点死于猫爪犬齿。百慕大圆尾鹱是一种小型鹱类，体长约40厘米，与海燕相似而体型较大，主要生活于南太平洋地区，常于大海低空逐浪飞行，是远渡重洋进行迁徙的鸟。值得注意的是它的窝只筑在百慕大群岛，但是人类和猫、老鼠、狗等动物天敌对百慕大海燕进行屠杀，导致百慕大圆尾鹱近乎绝迹。

不捕捉野鸟，不食用野鸟等野味。

绘 / 李明志

鹤类中的大型成员

赤颈鹤

易危（VU）

赤颈鹤，栖息于开阔平原草地、沼泽、湖边浅滩，以及林缘灌丛、沼泽地带，有时也出现在农田地带。比丹顶鹤还要高大，是鹤类中体型较高者，成年后体长可达1.6～1.7米。主要的外形特点是“赤颈”，即头、喉部和颈上部裸露无羽，皮肤为粗糙颗粒状，颜色为鲜红色，此红色在繁殖期间更为明显。赤颈鹤在清晨和傍晚觅食活动最为频繁，主要以鱼、蛙、虾、蜥蜴、谷粒和水生植物为食。人为的猎杀和栖息地减少，加剧了它的生存危机，目前在中国区域已经灭绝。

不随意掏鸟蛋、毁鸟巢和捕杀鸟类。

中国的祥瑞之鸟

丹顶鹤

濒危（EN）

丹顶鹤，作为中国的祥瑞之鸟，因寿命较长——可达到五六十年，因此我们常借"松鹤延年"来表达对人们长寿的祝福。它的体长在120～160厘米，全身雪白，羽翅玄黑，又因头部缺少了羽毛而露出皮肤，头部下方有大量的毛细血管使得头顶呈现鲜红色，"丹顶鹤"的名称由此而来。令人称奇的是它的骨骼外坚内空，其强度是人类骨骼的7倍，能持久地快速飞行，时速可达40公里，且飞行高度可达到5400米，简直是飞禽界的"super man"。

绘 / 李明志

设法为鸟儿创造营巢环境，如树上挂人工巢箱，为鸟类繁殖、育雏创造条件。

五彩斑斓的地花鸡

黑颈长尾雉

近危（NT）

黑颈长尾雉又名“地花鸡”，作为国家一级重点保护动物，拥有十分漂亮的外形：它的颈部呈黑色，有着黑白相间的长长尾巴，而翅膀两边有着白色的斑痕，羽毛色泽艳丽、五彩斑斓，好看极了。主要分布于云南、泰国、缅甸、印度等地，以橡实、浆果、种子、根、嫩叶、幼芽等植物性食物为食，也吃昆虫等动物性食物。它濒危的原因，一是成活率低；二是它对生长环境要求相当严格，除了要有充足的浆果外，气候要适宜，水源要清澈。

绘 / 张皖康

拒绝购买任何野生鸟类羽毛或者其他器官做的工艺品。

绘 / 张皖康

黑面天使

黑脸琵鹭

濒危（EN）

黑脸琵鹭，因嘴扁，长得像琵琶而得名。虽然面黑，但全身洁白的羽毛又给它们带来“天使”的感觉，“黑面天使”的称号也很是贴切。主要栖息于内陆湖泊、水塘、河口、芦苇沼泽、沿海及沿海岛屿和海边芦苇沼泽地带。修长的双腿能让它们在浅水区自由走动，猎食小鱼、虾、蟹、昆虫、昆虫幼虫以及软体动物和甲壳类动物。它的性格十分温顺且专情，繁殖时通常是“一夫一妻”制，夫妻关系极为稳定，简直是鸟类中的“楷模”。令人痛心的是它是仅次于朱鹮的第二种最濒危的水禽。

拒绝食用任何非饲养的鸟类、鸟蛋。

绘 / 杜虹媛

天上人参

黄胸鹀

极危（CR）

黄胸鹀，又名“禾花雀”，属小型候鸟，雄鸟因叫声悦耳且外形靓丽而被人们喜欢。叫黄胸鹀也许没人认识，但若说“禾花雀”却有不少人会咂咂嘴，因为这又是一个快被吃没了的物种。错误的宣传被误认为食用它能滋补强身，因此被称作“天上人参”而成为人类餐桌上的佳肴，但它的食补功效至今也未得到科学的认证。约二三十年前它们还是一种漫山遍野的“山鸟”，仅仅数十年就已经从无危级别进入了濒危的极危级别。再不做些什么，我们就只能从书本上去了解它了。

你知道吗，从保护野生动物的角度看，买鸟放生的做法是不应提倡的。

极为稀少的一种雉类

灰孔雀雉

低危（LC）

灰孔雀雉栖息在海拔1500米左右的热带雨林、季雨林及竹林中，喜欢活动于茂密森林的潮湿地面上。它的外形如它的名字一般，有孔雀斑一样的“眼状斑”，全身羽毛为黑褐色，“灰孔雀雉”由此得名。

灰孔雀雉雄鸟头上有蓬松的发状羽冠，非常好看。它的性格机警而胆怯，雄鸟活动时像个安静的“美男子”一样悄无声息，一旦遇到危险会发出尖叫声，立刻起飞，仓皇逃跑。生活中他们主要以昆虫、蠕虫以及植物茎、叶、果实、种子为食。赖以生存的雨林环境逐渐消失，使得它的生命遭到威胁。

绘 / 李明志

不购买、不使用鸟儿羽绒服。

天空动物

卡通唐老鸭原型

白头硬尾鸭

濒危（EN）

当你看着迪士尼的唐老鸭哈哈大笑时，有没有想过它真实的动物原型也许正在面临生死之危。白头硬尾鸭，属于鸭科，是非常典型的群居型水鸭类，主要栖息于开阔平原地区的淡水湖泊，偶尔也到盐水湖活动。别看它“其貌不扬”，它可是低调的游泳和潜水“高手”。它们平时很少飞翔和在陆地上活动，如果遇到危险会通过潜水或游泳隐秘逃走。近年来它们的栖息地受到严重的干扰，白头硬尾鸭数量以迅雷不及掩耳之势陡降。2018年，根据数据显示，它的全球数量为8000～13 000只。

绘 / 李明志

养成良好的观鸟行为，在不打扰鸟儿活动的前提下，用相机欣赏大自然的魅力。

耿介之鸟

血雉

易危（VU）

血雉别名“血鸡”“松花鸡”，又因其脚红色，称“红脚鸡”，是高寒山地森林及灌丛雉类。在外形上雄鸟要比雌鸟色彩更为明艳、动人。求偶时，两只雄性血雉往往通过争斗一决胜负，胜利者与雌鸟配对，可见动物界也是“胜者为王，败者为寇”。同时它的性格是非常刚烈的，在古代视血雉为“耿介之鸟”，《周礼》中也有“士执雉”之说，以示气节，它的行动也无愧此称，如果被抓住，它会不吃不喝绝食而亡。血雉因腿上肉多、肥美，含有大量的蛋白质，顺理成章成为人们的盘中美食。为了能继续看到血雉骄傲的身姿，请对它“口下留情”。

绘 / 杜虹媛

严禁餐桌上吃“野味”！

丛林动物

绘 / 李明志

泽氏斑蟾

巴拿马金蛙

濒危（EN）

巴拿马金蛙，学名是“泽氏斑蟾”，生活在巴拿马的中部和西部热带雨林地区，是一种长得像青蛙的濒危蟾蜍。它的体长35~63毫米，体重3~15克，雌性比雄性略大，属于两栖动物里面“颜值”最高的，皮肤光滑，体色呈鲜艳的黄色或橘色，随着年龄的增长会滋生黑色斑点。它不只颜值高，还有一种特殊的“本领”，就是通过“手语”，而不是鸣叫来传递信息。在巴拿马，它是最重要的文化象征之一，在各类票据、刊物上都可以看到它的身影。

保护生态环境从随手关灯、少用电器、少用空调做起，为减缓地球变暖出一份绵薄之力。

奇汉西喷雾蟾蜍

非洲胎生蟾蜍

野外绝灭（EW）

这种蟾蜍原产于坦桑尼亚南部奇汉西瀑布周围的一小片区域。非洲胎生蟾蜍，又名奇汉西喷雾蟾蜍，为坦桑尼亚特有的一种蟾蜍，它是世上唯一不产卵的胎生蟾蜍。以昆虫为食。由于坦桑尼亚奇汉西瀑布上游修建水坝，分走了曾流向奇汉西喷雾蟾蜍栖息峡谷的90%的水，且它们还面临着壶菌病的威胁，这类蟾蜍现在已经在野外灭绝。

购买冰箱、电视要选择节能型，同时要记得使用无氟冰箱。

绘 / 李明志

毒性最强的箭毒蛙

金色箭毒蛙

濒危（EN）

金色箭毒蛙全身是鲜明的黄色或橘红色，是表示有毒的警告色，在箭毒蛙家族中属于大型的种类。它是毒性最强的箭毒蛙，比一般箭毒蛙强20倍。人类的血液中只要含0.2毫克的金色箭毒蛙的毒素，就足以一命呜呼。金色箭毒蛙的最佳栖息地点是有着高降雨量、海拔在100～200米内、气温至少26℃以及相对湿度为80%～90%的雨林。果然，美丽都是有“代价”的！

购买汽车一定要选择小排量的环保型汽车，或新能源汽车。

丛林动物

温和的巨人

山地大猩猩

濒危（EN）

山地大猩猩是现存最大的灵长类动物，成年大猩猩身高1.5～1.8米，跟人类有着亲缘关系。它的毛较其他大猩猩更长且黑，故它们可以生活在高海拔及较冷的地方。由于它们较多生活在陆地上，因此，它的双脚与人类的脚类似。山地大猩猩虽然体形硕大、面孔粗鲁，但是它大部分的时间都在非洲森林里面闲逛、嚼树叶或者睡懒觉，这也是它被称作“温和的巨人”的原因。

绘 / 李慧

开车莫压过路动物，可能有一窝待哺的小兽等她回家。

绘 / 李明志

萌宠

雪貂

野外绝灭（EW）

雪貂喜欢栖息在靠近水源的森林和半林地。它的头呈三角形状，身体修长，但腿脚较短。毛色呈野生色或白化色。并非所有雪貂都通体白色，如白貂身体雪白，但尾尖为黑色；其余种类身上布满褐色、黑色、白色或混色的毛等。作为夜食性动物，雪貂主要猎食松鼠、花鼠、田鼠、姬鼠、鼠兔、鸟卵和昆虫等。此外，雪貂还是研究流行性感冒的重要试验对象，同时可以利用它们修长的身躯来铺设电线及电缆等。可见，雪貂不仅“萌”，还非常实用。

不穿珍稀动物皮毛服装，不使用野生动物制品。

最惹人怜爱的动物之一

大熊猫

易危（VU）

作为中国的“特有种”“国宝”，几乎全世界的人们都无法抗拒大熊猫的“萌力”。它们一般栖于中国长江上游的高山深谷，那里气候温凉潮湿，森林茂盛，竹类生长良好。大熊猫每天除了啃竹子就是睡懒觉——这是因为竹子没有太多营养，为了不多消耗能量，不运动或者少运动是保存体能非常不错的方法。由于繁殖率低，栖息地不断减少，野生大熊猫的数量一直不容乐观。为挽救大熊猫，我国建立了多个大熊猫保护基地，并取得了可喜的成果。现在大熊猫不仅是我们的“国宝”，更是代表中国形象的交流使者。

绘 / 李明志

垃圾分类有助于回收宝贵的资源，如废纸被送回纸厂，用以生产再生纸；各种塑料瓶回收后，成为可再生资源。

丛林中的“小精灵”

海南坡鹿

濒危（EN）

海南坡鹿分布于中国的海南省，地处亚热带，其外形与梅花鹿相似，是我国17种鹿类动物中最珍贵的一种。值得注意的是雌兽的头上没有角，而雄兽头上角的形状很特殊，有一个较大的眉杈。体毛一般为赤褐色或黄褐色，背部颜色较深，雄兽的毛色比雌兽的深。它的主要食物是青草和嫩树枝叶等，尤其喜欢吃水边或沼泽地里生长的水草。此外，它还经常舔食盐碱土，以补充身体所需的矿物质和盐分等。坡鹿喜欢活动于灌木丛生、杂草茂密的丛林中，犹如“小精灵”一般惹人喜爱。

绘 / 李明志

大部分洗涤剂会污染水源。淘米水是最好的去污剂，不仅可以洗碗，还能浇花。

大块头有大智慧

苏门答腊猩猩

极危（CR）

苏门达腊猩猩分布于印度尼西亚苏门答腊岛。在灵长类动物中，它们体型仅次于大猩猩，面颊宽大，身材魁梧，喜欢食用各类水果、树叶、嫩芽、昆虫和无脊椎动物，偶尔也会食用富含矿物质的土壤。苏门答腊猩猩块头不仅大，而且非常聪明，通过几代猩猩传授知识，其中有一些已经学会了使用工具，如它们不仅会用树枝探测白蚁丘获取白蚁食用，也能借助工具获取较大的巨型水果，果然是“大块头有大智慧”。

绘 / 李明志

浪费食物就是在浪费生产它所消耗的资源，适度取餐，清空你的餐盘。

丛林动物

西伯利亚虎

濒危（EN）

西伯利亚虎，又称“东北虎”，是虎的亚种之一，用“高大威猛”来形容它再准确不过：雄性体长可达3米左右，尾长约1米，体重近350千克，是现存体型最大的肉食性猫科动物。它的外形特征是头大而圆，前额上的数条黑色横纹，中间常被串通，极似“王”字，故有“丛林之王”和“万兽之王”之美称。森林的过度采伐致使栖息地减少再加上食物短缺，使得西伯利亚虎面临双层生存危机；虎皮、虎骨的药用价值等因素也成了西伯利亚虎被人类追逐、猎杀的原因，使得它们的数量急剧下滑，因此，保护西伯利亚虎迫在眉睫。

绘 / 李明志

拒绝虎骨制品。没有经济利益的驱使，老虎受伤害的指数会降低。

绘 / 杜虹媛

数量最少的猫科动物

伊比利亚猞猁

极危（CR）

这个长得有点像“虎斑”的猫科动物真的不是胖了几圈的猫，而是猞猁。它分布于欧洲西南部的伊比利亚半岛上，主要居于西班牙和葡萄牙的多山森林地区，生活在有植被的山区或短灌木丛林带地区。伊比利亚猞猁，有着一身黄底黑斑的毛色，跟豹很像；还有一个明显特征是长腿短尾。以野兔、啮齿目、鸟类、爬行类和两栖类为食。它是欧洲本土现存最大的猫科动物，被生物学家认为是世界上数量最少的猫科动物之一。

拒绝接受随处散发的宣传物，既浪费纸张，又破坏市容。

丛林动物

世界上栖息海拔高度最高的灵长类动物

滇金丝猴

濒危（EN）

滇金丝猴因出生时浑身纯白，故有“雪猴”之称。它的面部特征与川金丝猴相似，身上的体毛并不是金黄色，主要是灰黑色，具有光泽。手、足也呈黑色，所以也叫黑金丝猴。但上臂内侧、喉部、颈侧、臀部及股部均为灰白色，形成明显的对比色。平时多在3500～4500米高度的云杉、冷杉林中活动，是世界上栖息海拔高度最高的灵长类动物。主要分布在川滇藏三省区交界处，是中国的特有品种。

绘 / 李明志

自带餐具，拒绝一次性筷子，保护森林，保护自己。

留给未来

动物濒危甚至灭绝的两个重要原因，一是环境恶化，二是人类买卖。

环境恶化是人类逐利时，地球生态付出的代价。我们在经济腾飞的路上洋洋自得，但那些被污染的空气、海洋、江河、土壤，在再难承受时，终将通过各种方式的循环，将这一切还给人类，而动物的消亡，只是唇亡齿寒的前奏。

呼吸洁净空气成为奢侈，吃无毒蔬菜成为可遇不可求，海鲜河鲜带有重金属污染，气候异常，天灾频现。也许科技能够与这些回击做一时抗衡，但我们不做出改变，不从点滴力行，又能把什么留给未来呢？

非法买卖，更是对暴利的追逐。据统计，全球非法野生动物买卖每年至少有40亿英镑的成交额，买卖濒危、野生动物成为仅次于毒品贸易的世界第二大贸易，其利润达到2000%。

这些濒临消失的动物也许听起来离都市文明十分遥远，但人类对世界的探知如沧海一粟，谁又能准确预知哪只蝴蝶振翅不会引发远方的风暴呢？

敬畏自然，保护环境，保护与我们同在一个地球的它们，给自己留出一个未来。